目 录

春节聚会祝酒词

1. 让我们举杯，
为家庭的团聚和和睦干杯！
愿我们的亲情在新的一年里更加深厚！

2. 新年就要到，
敬你一杯团圆酒，平安如意寿更长；
敬你一杯发财酒，财源滚滚运道旺；
敬你一杯开心酒，心顺气顺万事顺！

3. 过去的一年，感谢大家的陪伴和支持。
在这新春之际，让我们举杯，
为我们的友谊长存和未来的美好干杯！

4. 酒香飘溢，祝福我们每一个人，
前程似锦，如意吉祥！

5. 春节团聚，
美味佳肴在喜悦中愉悦分享，
琼浆玉液在欢笑中推杯换盏。
亲朋好友欢聚一堂，热闹非凡，
亲情友情融为一体，和谐吉祥。
盛世佳节同贺共庆，幸福美满，
祝愿亲朋春节快乐！

6. 随着年龄的增长，
大家能聚在一起的机会越来越少。
过年，让我们有机会聚在一起，
我在这里敬大家一杯：

祝各位长辈身体健康，事事顺心；

祝各位成家的兄弟姐妹子女听话，生活幸福；

祝没有成家的兄弟姐妹早点找到如意郎君、窈窕淑女！

让我们为迎接好运，干杯！

6 新年到，祝你：

家庭团团圆圆，

心情欢欢喜喜，

日子平平安安，

生活和和美美，

事业红红火火，

做人牛牛气气，

一切顺，万事好！

7 恰逢新年春节忙，

送走旧岁迎新年。

吉祥话要趁早，

祝福语提前念：

祝愿你新年新气象，

快乐依然，幸福绵绵，

平安一生，健康到永远！

8 花好月圆风雨顺，

良辰美景到永远，

幸福生活来相伴！

冬去春来，光阴似箭，

流年不复返，人生须尽欢！

说一声珍重，道一声平安，祝新年快乐！

9 正月初一，
开门见喜，
财神拜年，
快乐来袭，
好运往家里挤，
健康和你在一起！
平安铺满四季，
成功握在手里，
合家幸福如意！
恭祝新年好！

10 祥风阵阵，福来运转，
龙年新春，普天同庆，
恭喜发财，吉祥如意，
尽享欢乐，健康幸福，
团团圆圆，开心快乐，
新春好运，万事顺利！

11 春节来到喜临门，
送你一只聚宝盆，
装书装本装学问，
装金装银装财神，
装了健康装事业，
装了朋友装亲人，
时时刻刻都幸福，
平平安安交鸿运！

婚宴祝酒词

1. 今天是你们的大喜日子，
祝福你们相互携手，幸福地走过每一天。
祝你们新婚快乐，相濡以沫，举案齐眉！
这杯喜酒见证了你们的幸福，
也祝愿你们的未来如诗如画，美好无比！

2. 为你们的新婚敬酒，
祝福你们永远相爱相守，幸福美满！
希望你们的婚姻如同这杯酒，醇香四溢，甜美无比！

3. 新婚愉快，
愿你们的爱如同美酒，越陈越香，永浴爱河！
恭喜你们从此走进爱的殿堂！

4. 为幸福干杯，为爱情干杯，为你们干杯！
愿你们的婚姻像酒一样，越陈越香；
愿你们的爱情像歌一样，越唱越甜。
新婚快乐！

5. 祝愿二位新人白头到老，恩爱一生，
事业更上一个台阶，
同时也希望大家吃好、喝好！
来！我们共同举杯，为两位新人祝福，干杯！

给领导的祝酒词

1. **敬男领导**

祝您精神好，事业旺，

吃好喝好不发胖，

幸福美满身体棒！

2. **敬女领导**

祝王总：

脸上不长青春痘，

身上不长五花肉，

大吃大喝自然瘦，

冬天轻，夏天白，

一年四季发大财！

3. 领导上班很辛苦，喝杯美酒补一补；

领导上班很疲惫，喝杯美酒不会醉；

美酒斟进小酒杯，送到面前您莫推。

4. 大家都夸菜挺好，味儿挺棒，

在此，我先祝咱们的领导以后生活越过越旺！

同时也祝福在座的所有好朋友们：

事事如意，多赚人民币；

万事顺心，多挣美金；

万事兴旺，多挣英镑。

总之一句话，多挣钱，少生气；

心想事成，万事如意；

身体健康，一生安康！

5 第一杯:

给领导端杯发财酒,

祝您财运亨通四海!

第二杯:

给领导倒杯长寿酒,

酒是福，酒是寿,

喝了健康又长寿!

这一杯干了，二杯净了,

三杯一喝更高兴了。

我知道,

领导一高兴,

酒量就不固定,

心情加感情,

不喝可不行。

第三杯给您到杯平安酒,

家有千万百万,

平安二字无法计算,

祝您年年岁岁都平安!

6 激动的心，颤抖的手,

我给领导倒杯酒,

领导不喝嫌我丑;

领导领导喝杯酒,

金钱财富都拥有;

要想有财源，喝酒要喝完;

要想有财宝，喝酒要喝了;

天上有水地下流,

领导喝酒要带头！

7 人有三宝：精、气、神！
领导您这天庭饱满，满面红光，
说明是处于黄金时代！
在此给您端杯酒，
祝您前途平坦，青云直上，步步高升！

8 火车跑得快，
全靠车头带；
大家吃好喝好，
全靠您来引导。
来，领导，我敬您一杯！
喝酒吃菜，青春常在，
吃菜喝酒，越喝越有，
多吃菜，多喝酒，幸福才会跟您走！
领导，我来敬您一杯，
红酒不醉人，越喝越精神，
祝您满面红光精神好，我先干为敬！

9 领导您好！
问好归问好，
三杯美酒少不了。
酒是福，酒是寿，
喝了这杯酒，健康又长寿。
希望您该吃吃，该喝喝，
啥事别往心里搁；
要想事业更辉煌，
喝酒要比别人强。

希望您人旺、家旺、事业旺！

10 尊敬的领导，

感谢您一直以来对我的培养和关照！

在新的一年里，我祝福您：

事业正当年，身体壮如虎，

金钱不胜数，浪漫似乐谱，

最后祝您阖家团圆，万事如意！

11 尊敬的领导，

听到您高升的消息，

首先表示祝贺，

为您高兴的同时，

又真的很舍不得。

一直以来，

您让我学到了很多。

您是我最尊敬的领导，

同时也是我工作和生活上的好老师。

希望以后常联系，

日后有工作上的问题，

还希望您多多指导。

在此不胜感激您以往对我的支持，

祝您一生如意，工作顺利！

12 首先敬您一杯酒，

感谢您平日对我的关照。

您的管理风格和您的人格魅力，

都值得我追随学习。

领导全凭真实力，

众人心服显人气;
鞠躬尽瘁为公司,
提携下属不徇私;
今日高迁升职位,
步步为赢显智慧。
这杯小酒先祝您,
官位财运都顺利,
祝公司业绩蒸蒸日上,
祝您鸿运当头,前程似锦!

13 祝领导:
事业正当午,
身体壮如虎,
春风更得意,
好事非您莫属。
我敬您一杯,干杯!

14 女人端一杯,男人不能推。
我来说,您来喝,绝对不让您喝多!
帅哥长得这么帅,喝酒肯定不要赖!
这第一杯酒祝愿您:
生活越来越好,
事业一路小跑,
收入迅速提高,
美女为您倾倒!
这一杯干,两杯敬,
三杯喝了更高兴。
今天大家来相聚,

酒逢知己千杯少，
嘻嘻哈哈醉不了。
这一杯金，二杯银，
三杯喝出聚宝盆，
聚宝盆里有财宝，
荣华富贵享到老。
茶又香，酒又香，
喝酒也得喝个双，
好事一成双，出门才风光，
出门一风光，钞票就往您兜里装，来，您请！
三杯好，三杯妙，
三杯福星来高照，
问您发财要不要，
喝了四杯就见效。
第四杯酒的话，您带着大家一块儿吧。
一块儿喝杯发财酒，
一块儿碰碰杯，过过电，
联络联络感情线，
轻轻松松把钱赚！

15 龙马精神事业旺，
每天都有新气象。
酒是万能药，一杯就见效；
酒是黄河浪，越喝越强壮。
喝了这杯酒，愿您：
好运天天有，
财源滚滚来！

16 激动的心，颤抖的手，
我给领导端杯酒，
领导不喝我不走。
我来说，您来喝，
绝对不让您喝多；
杯杯酒，滴滴情；
杯杯都有真感情。
我劝领导把酒端，
杯中美酒全喝干；
看您一直不说话，
喝酒肯定不害怕。
大家吃好喝好，
全靠您来引导。

17 这位领导：
大眼睛，双眼皮儿，
一看就是爽快的人儿。
喝酒不是目的，
高兴才是心意。
老家有句话说得好：
烧香不能漏神，敬酒不能漏人。
这样吧，鱼眼放光，两边沾光，
两边的领导，我也给您添添酒，
左右逢源，才能两全其美。

18 这好事成双酒，领导您可莫推。
两杯小酒不算啥，就当领导您刷刷牙。
三杯好，三杯妙，三杯福星来高照；

问您发财要不要，喝了这杯就见效。

您看咱们鱼眼发光，那是两边都沾光；

这美酒香飘万里，不喝可没有道理。

两位领导，一起碰一个?

天蓝蓝，海蓝蓝，

一杯一杯往下传；

喝完鱼头，喝鱼尾，

鱼头鱼尾，顺风又顺水；

有头无尾，不算完美，

这鱼头酒都喝了，

这鱼尾酒那肯定少不了。

来，领导，我给您添上吧，

头尾碰杯，好事成堆。

在此，我祝两位领导：

不长年龄不长岁，只涨薪资和地位！

19 领导您来到我们 ××，

不体验我们的酒文化多遗憾！

×× 菜，×× 店，×× 的规矩不能变！

既然鱼头有缘对着领导，

必须要给领导添杯酒：

鱼头一对，吉祥富贵！

领导领导喝杯酒，

金钱财富都拥有！

想要有财源，喝酒要喝完；

想要有财宝，喝酒要喝了。

茶又香，酒又香，

喝酒要喝双，

我再给领导添杯酒。

酒满敬人，酒满为敬，

您看您这喝酒脸红，酒量无穷！

来，来，来，

喝了我们的茶，想啥就有啥；

喝了我们的汤，幸福永安康；

喝了我们的酒，健康到永久！

祝愿各位贵宾天天好心情，日日好运到！

20 桂林山水甲天下，人才全在您手下；

领导手下精英多，这杯美酒您得喝。

酒水只能暖人心，怎能把您头喝晕？

北京长城长，祝您事业更辉煌；

河南黄河宽，喝酒一定要喝干。

山外青山楼外楼，领导喝酒要带头；

我劝领导把酒端，杯中美酒全喝干；

祝福美酒全喝完，不要为难敬酒员。

坐着不说话，喝酒不害怕；

沉默是金，喝酒不晕。

喝完啤酒喝白酒，这样领导最富有；

喝完白酒喝啤酒，白银入库黄金有。

领导坐中间，职位肯定不一般；

官大肚量大，喝起酒来不害怕。

领导累，领导苦，喝杯美酒补一补；

领导苦，领导累，喝杯美酒不疲惫。

山外青山楼外楼，喝杯美酒解百愁。

手中美酒不能放，家庭事业更兴旺；

手中美酒不能停，家庭事业您双赢。

酒杯一举，鹏程万里；

酒杯一碰，黄金乱蹦。

祝各位贵宾财运亨通，步步高升！

21 酒是事业的追求，酒是感情的交流，

也是今天我们相聚的理由。

领导，今天我来给您倒三杯酒：

这第一杯酒，酒倒三分满，

祝您财达三江，鸿运四海！

这第二杯酒，酒倒一半，福气不断，

祝您名利双收，事业有成！

这第三杯酒，酒满敬人，满酒为敬，

这酒杯是圆的，酒是满的，

祝您以后的幸福生活圆圆满满！

22 鱼嘴一张，好事都成双；

好事一成双，出门才风光；

出门一风光，钞票就会往兜里装！

老人生日宴祝酒词

1 今天您是寿星，

在这儿给您端杯福寿酒，跟着您老沾点福气：

喝了这杯福寿酒，祝您再活九十九！

❷ 真诚的祝福，送给我们的奶奶：
祝奶奶寿比南山松不老，福如东海水长流：
祝奶奶笑口常开，如意吉祥，富贵安康；
祝奶奶和和美美，事事顺心，幸福常相伴；
祝奶奶不管几岁，开心万岁；
祝奶奶春秋不老，吉祥如意！

❸ 以水代酒，寿星请喝水：
第一杯——喝水喝福气，祝您生活甜如蜜！
第二杯——喝水喝财气，祝您收获人民币！
第三杯——喝水喝运气，祝您事事都如意！

❹ 祝您老人家福如东海，寿比南山，身体健康！
添酒添福，添福添寿，天增岁月人增寿！

给客人的祝酒词

❶ 祝您：
生意好，多赚钱，
年年赚的花不完；
媳妇美，真好看，
年年至少赚百万；
父母健康又开心，
一年四季不缺金；
今年赚的明年花，
年年分店开俩仨；
天天生意如过年，

年年赚的花不完;

生意如同长江水,

生活如同锦上花;

大财小财天天进,

一顺百顺发发发!

2 俗话说:“贵客带雨,雨天来财。”

今天外面下着雨,

只要我们打开窗,

那就是要风得风,要雨得雨。

3 祝在座的各位贵宾:

一日千里迎风帆,两袖清风做高官;

三番五次创大业,四季发财财路宽;

五湖四海交贵友,六六大顺多赚钱;

七星高照交财运,八方进宝堆成山;

九子登科传后代,十全十美在人间!

祝大家用餐愉快!

4 在此我祝各位男士:

生活越来越好

事业一路小跑;

收入迅速提高,

美女为你倾倒!

祝在座的女神们:

美丽胜鲜花,

浪漫如樱花;

随意购物随意花,

天天收到玫瑰花!

给朋友的祝酒词

1. 朋友是天，朋友是地，
有了朋友，
才能顶天立地！

2. 一定是特别的缘分，
让你我在这里相遇，
品人间之美酒，享酒桌之美食。
坐观世间风云，这边风景独好！
我不求雨，也不求风，
不求春夏和秋冬，
只求在座的各位贵宾们，
未来都能成为亿万富翁！

3. 酒是感情的交流，
酒是事业的追求，
酒是相聚的理由。
酒不醉人人自醉，
只因今天气氛对！
承蒙时光不弃，感恩一路有你，
祝我们的友谊天长地久！
祝大家健康幸福，快乐到永久！

4. 花为牡丹最美丽，
人为朋友最亲密；
交友不为金和银，
交友只为一颗心。

金银不一定是一生的朋友，
但朋友是一生最大的财富！

5 山不在高，有仙则名；
水不在深，有龙则灵；
友不在多，知心就行。
这一杯，祝我的好闺蜜：
不长斑，不长痘，天天吃喝不长肉；
今年美，明年美，一年更比一年美！

6 相识是缘，相遇是福。
朋友是山，朋友是水。
朋友一路相伴，一生幸福。
朋友的酒越喝越有，
朋友的情谊天长地久！
老友老酒长相守，
祝在座的各位，财富人人都有！
今天菜好吃，味挺棒，
祝大家的生活越过越兴旺！

7 美酒传递着我们深深的祝福，
友情让我们的心彼此相连。
为了这份真挚的情感，
我们在这里推杯换盏。

给老人的祝酒词

1. 酒是福，酒是寿，
喝了健康又长寿。
夕阳无限好，
爷爷奶奶都是宝。
给您倒杯长寿酒，
祝您身体好、心情好，
幸福生活享到老！

2. 夕阳无限好，老人是块宝；
向您敬杯酒，祝您身体好。
酒是福，酒是寿，喝了健康又长寿；
给您倒杯福寿酒，愿您再活九十九！
日日月月福无边，年年岁岁都平安！
家和人和，和和美美；家事外事，事事如意！

3. 祝你八方进财又进宝，身体健康没烦恼；
祝你天天都有好财气，万事平安都如意；
祝你财旺丁旺年年旺，万事如意身体棒；
祝你家兴财兴事业兴，生活步步都高升！

给女性的祝酒词

1. 漂亮的女人是钻石，贤惠的女人是宝库。
女人也是半边天，不喝也要沾一沾。

喝酒吃菜，青春常在；
吃菜喝酒，越喝越有。
喝了杯中酒，所有好事跟着您走！
来，给您端杯福气酒：
祝您：
吃好喝好，招财进宝！
工作顺利，爱情甜蜜！
好运成双对，荣华又富贵！

2 青青的山，绿绿的水，
也比不上你如花似玉的美。
漂漂亮亮的好模样，
标标准准的旺夫相！
脸蛋小，嘴巴圆，
越看越像杨玉环；
一看脸上红霞飞，
越看越像杨贵妃！
美女眼睛亮晶晶，
越看越像大明星！
倒的是酒，端的是情，
杯杯酒，滴滴情，
这杯美酒不喝可不行。

3 给美女敬杯酒：
美女一枝花，全靠酒当家！
喝了这杯酒，幸福的生活天天有！
两腿一站，喝了不算。
鸟语花香，喝酒喝双。

帅哥坐一旁，白酒变蜜糖。

白酒刷牙，啤酒当茶。

要想皮肤好，喝酒少不了；

要想事业顶呱呱，喝了这杯就能发！

4 女人不喝一般的酒，

一般的女人不喝酒，

喝酒的女人不一般，

女人也是家里半边天。

不喝酒也要沾一沾，酒沾唇，福临门！

只要感情好，不在乎酒多少，能喝多少是多少！

5 美女您

站着像十九，坐着像十八，

越看越像出水的芙蓉花，

走到哪里都是貌美如花！

美女人美皮肤亮，

打扮起来最时尚；

美女眼睛亮晶晶，

越看越像大明星；

美女衣服穿成黑，

金银财宝堆成堆；

美女衣服穿成白，

祝你升官又发财！

人美嘴巴甜，家里不缺钱；

人美又可爱，人见人来爱；

人美个子高，帅哥看了心都飘！

端杯美酒敬美女：

这杯美酒是美颜酒，喝了祝您青春永驻不发愁！

幽默的祝酒词

1. 一口茶，一口酒，祝您日子越过越富有！
一口酒，一口茶，祝您以后想啥就有啥！
2. 贵宾一入座，美酒喝三个！
贵宾来得晚，一定要用碗！
3. 今朝有酒今朝醉，不要活得太疲惫；
人生难得几回醉，要喝就要喝到位！
4. 今朝有酒今朝醉，生活不能太疲惫；
小酒不喝人憔悴，人生难得几回醉！
5. 天有情，地有情，喝了这杯行不行？
千山万水总是情，这酒不喝可不行！
6. 一杯小酒不会醉，再来一杯暖暖胃！
7. 手中美酒不能放，喝完家庭事业更兴旺！
8. 这杯美酒您喝完，祝您幸福万万年！
9. 酒水无情人有情，福酒不喝可不行。
酒逢知己千杯少，嘻嘻哈哈醉不了。
天苍苍，野茫茫，祝福美酒到身旁。
秋风起，稻花香，不管多少要喝光！
10. 挨着朋友，少不了喝酒；
挨着领导，喝酒少不了。
美女旁边坐，不喝是罪过。

开业庆典贺词

1 老板新店开起来，生意兴隆通四海。
今日开张开得好，四面八方进财宝；
今日开张开得妙，天天都赚大钞票。
开张日子选得好，亲朋好友都到了；
鞭炮齐鸣喜鹊叫，我的祝福来送到。

2 亲朋好友来喝彩，花开富贵好运来；
良辰吉日来开张，财源茂盛达三江。

3 开业大吉六六六，顺风顺水朝前走；
开业大喜八八八，金玉满堂发发发；
开业大利九九九，好运财富到永久；
开业大吉财兴旺，福星高照人气旺。

4 生意兴隆美名扬，金银财宝堆满仓；
生意经营路子宽，财源广进红满天。
拿起算盘算一算，金银满屋堆成山；
心想事成都如意，日进钞票几百亿。

5 祝老板：
开业好生意，大吉又大利；
顾客爆满排成排，八方来客送财来；
客来客往客不断，一年赚它几千万；
事业发展步步高，分店开遍全中国！

生日庆典贺词

1 父亲生日祝福

尊敬的各位贵宾，大家晚上好！

今天是我父亲 70 岁的生日宴会，

感谢你们在百忙之中来参加我父亲的生日宴。

承蒙各位深情厚谊，前来道贺，

今天在这个特别的日子里，

我谨代表我们全家，

对全体亲朋好友的到来，

表示最真诚的欢迎和由衷的感谢！

父亲起早贪黑地忙碌，全都是为了这个家。

他宽厚待人的朴实品质，

让我们后辈受用无穷。

过去你养我长大，

未来我陪你变老。

你用爱抚育我成长，

我愿用一切换你岁月长留。

过去您教会我了走路，

以后我会陪你在夕阳下漫步。

如果时光不老，

我会牵着您的手陪您一直到老。

祝您年年有今朝，岁岁有安康，

春秋永不老，身体健康好，快乐无烦恼！

今天向您鞠一躬，感谢您为我做的一切！

② 母亲生日祝福

感谢您十月怀胎将我带到了这个世界上。
走遍千山万水，尝遍酸甜苦辣，
满脸皱纹、双手粗茧，
岁月记载着您的辛劳。
一生含辛茹苦，照顾这个家不求回报。
我从未让你骄傲，
你却待我如珍宝，
让我感受到您最温暖的怀抱。
我最美的妈妈，
全世界最漂亮的妈妈，
我生命中最重要、最爱的人，
感谢您牵着我的手往前迈步，
教会我勇敢前行。
今天我非常庆幸，
有您永远在我身后默默无闻地支持我。
妈妈谢谢您，
过去您陪我蹒跚学步，
以后我陪您慢慢变老。
天地很大，走不出您的牵挂；
海水很深，不及您的养育之恩。
千言万语汇成一句话：
今天是您的生日，
我祝您生日快乐，
青春永驻，健康常在，
往后日子里平安喜乐，

和睦美满，金玉满堂！

❸ 老婆生日祝福

祝老婆生日快乐！

你付出了所有的青春，

只想换回生活的安稳，

你是陪我走过风雨的人，

是我上辈子修来的福分，

伴我经历过那日月星辰，

我愿用真心爱你一生！

❹ 领导生日祝福

今天是王总的生日，

我给王总倒个福寿酒。

添酒添福，添福添寿，

天增岁月人增寿！

给王总端杯福寿酒，

祝王总再活九十九！

酒是福，酒是寿，

喝了健康又长寿！

给王总端杯增岁酒，

祝王总增岁增富贵，添彩添吉祥，

长命百岁，荣华富贵，

金银满柜，全家富贵！

❺ 小朋友生日祝福词

1~3 岁的小朋友：

祝宝宝天天像花儿一样绽放，像阳光一样灿烂！

健康快乐度过每一天！生日快乐！

祝福小寿星身体健康，茁壮成长！
4~6 岁的小朋友：
愿你“百事可乐”，心情似“雪碧”，
万事如“芬达”，身体旺旺，学习永远“奥利给”！
今后在成长的路上充满欢声笑语和美好的回忆！
7~9 岁的小朋友：
愿你健健康康身体好，
开开心心没烦恼；
品德学习都不差，
将来肯定考北大！
10~12 岁的小朋友：
愿你在以后的人生道路上学业有成，前程似锦！
长大之后尊老爱幼，孝敬父母，争做国家栋梁之材！
18 岁生日祝福：
承蒙时光不弃，感恩一路有你，
今天是 ××× 第 18 个生日。
今天你即将踏入成人的新征途。
18 年前的今天，
你的妈妈怀着巨大的痛苦，
把你带到这个多姿多彩的世界。
18 年的岁月，
饱含着父母的多少艰辛和不易，
充满了长辈们对你的多少期盼。
在你人生即将翻开新的一页，
踏入新的征程的时候，
今天爸爸妈妈和亲人们，共同见证你的成长。

今天你踏入成人门，要常怀感恩心。

从此以后，

你将承担更大的责任和使命，背负更多期盼的目光。

18 岁是你人生中一个新的里程碑，重大转折点，新起点。

你将告别任性、依赖，挑起自己命运的重担而独立前行！

愿你在今后的人生道路上，

能够勇敢地迎接新的挑战和机遇，

来实现自己的人生价值和社会价值，

也希望你在以后的人生道路上，

能够飞得更高，走得更远，一路拼搏，一路精彩！

为风华正茂的 18 岁，干杯！

同时也祝愿在座的所有亲朋：

盘中餐，杯中酒，美好的生活天天有！

身体好，事业好，一年更比一年好！

传统节日庆典贺词

1 春节

原您在新的一年里，

事业正当午，

身体壮如虎，

金钱不胜数，

干活不辛苦，

幸福非你莫属！

祝您在新的一年，
生活扬眉吐气，
工作洋洋得意，
心里暖洋洋，
天天喜洋洋，
月月发洋财。
新年到，好运到！
健康对您把手招，
平安对您露微笑，
吉星把您来照耀，
财神追您不乱跑，
所有好事都来到！
新年新气象，事业更兴旺！

❷ 元旦

元旦给您敬杯酒，
愿您好运天天有，
事业八方来圆，
爱情花好月圆，
亲朋团团圆圆，
生活春色满园，
好运喜事连连，
祝您元旦快乐！
祝您：
金山银山，堆满房间；
大财小财，滚滚而来；
眼福口福，天天都有；

喜气运气，绵绵不息；

家里出黄金，墙上长钞票；

心情阳光灿烂，身体永远健康！

3 元宵节

一年一度元宵节，祝你快乐甜如蜜。

正月十五汤圆甜，美好祝福到身边。

事业一年顺一年，好运好事喜连连。

日子过得甜又甜，一年四季不缺钱。

汤圆、月圆，祝您亲朋团团圆圆；

官缘、财缘，祝您事业一帆风顺。

人缘、机缘，祝您好运源源不断；

心愿、情愿，祝您理想天遂人愿！

愿您幸福绵绵，健康常伴，幸福美满！

4 劳动节

五一节送五个一：事业上一鸣惊人，

生活中一生幸福，生意场一本万利，

魅力值一笑倾城，旅途中一路平安！

五一好，福星到，万般好事都来到。

五一祝福给诸位，奖金多拿好几倍；

喝点小酒暖暖胃，祝您人生更光辉！

5 中秋节

一轮明月，二两佳酿，

三分清趣，四季逍遥，

五福欢笑，六碟佳肴，

七盏花烛，八方宾朋，

九州共庆，十分幸福。

祝大家中秋节快乐！

一杯酒，一轮月，

举杯邀明月，共庆中秋节，

月圆酒香，共度良宵，

愿我们的生活如这杯美酒，

越来越醇厚，越来越香甜。

一年一度中秋到，花好月圆人长久；

秋风送祝福，明月寄相思；

祝福中秋，月圆人安。